Ernst Probst

Argentavis

Der größte fliegende Vogel

GRIN Verlag

Bibliografische Information der Deutschen Nationalbibliothek:

Die Deutsche Bibliothek verzeichnet diese Publikation in der Deutschen Nationalbibliografie; detaillierte bibliografische Daten sind im Internet über http://dnb.dnb.de/ abrufbar.

Impressum:

Copyright © 2014 GRIN Verlag GmbH
Druck und Bindung: Books on Demand GmbH, Norderstedt Germany
ISBN: 978-3-656-75518-0

Dieses Buch bei GRIN:

http://www.grin.com/de/e-book/281549/argentavis

Ernst Probst

Argentavis

Der größte fliegende Vogel

Bild auf der vorhergehenden Seite:

Greifvogel Argentavis magnificens im Flug,
Ausschnitt aus einem Lebensbild
von Stanton F. Fink bei „Wikipedia"

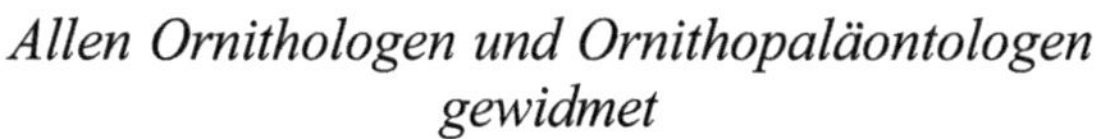

Allen Ornithologen und Ornithopaläontologen
gewidmet

Greifvogel Argentavis magnificens im Segelflug,
Lebensbild von Jaime Chirinos, Springfield, Virginia (USA),
www.zooartistica.com

Vorwort

Gigant der Lüfte

Ein riesiger Greifvogel steht im Mittelpunkt des Taschenbuches „Argentavis – Der größte fliegende Vogel". Dieser Gigant der Lüfte erreichte eine Flügelspannweite bis zu 8 Metern, ausgestreckt eine Länge von der Schnabelspitze bis zur Fußspitze von maximal 3,30 Metern und ein Lebendgewicht von schätzungsweise bis zu 80 Kilogramm. Sein Kopf maß von der Schnabelspitze bis zum Hals etwa 45 Zentimeter. Sein rund 28 Zentimeter langer Schnabel war vier Mal so groß wie bei den größten gegenwärtigen Greifvögeln. Seine Flugfedern waren ungefähr 1,50 Meter lang und 20 Zentimeter breit. *Argentavis magnificens* („Großartiger argentinischer Vogel") lebte im Obermiozän vor etwa 8 bis 5 Millionen Jahren in Argentinien. Wie heutige Geier dürfte er ein Segelflieger gewesen sein. Wenn er eine Luftreise antrat, warf er sich von einem höher gelegenen Standort in den Gegenwind und nutzte dann thermische Aufwinde aus. Experten vermuten, er sei ein Aasfresser gewesen, der sich an Kadavern pflanzenfressender Säugetiere gütlich tat. Verfasser des Taschenbuches „Argentavis – Der größte fliegende Vogel" ist der Wiesbadener Wissenschaftsautor Ernst Probst, der zahlreiche Werke über urzeitliche Tiere geschrieben hat.

Greifvogel Argentavis magnificens im Flug,
Lebensbild von Stanton F. Fink bei „Wikipedia"

Der größte fliegende Vogel

Argentavis

Wie ein riesiger Geier sah der größte flugfähige Vogel *Argentavis magnificens* aus, der im Obermiozän vor etwa 8 bis 5 Millionen Jahren in Argentinien existierte. Dieser Greifvogel erreichte eine Flügelspannweite bis zu 8 Metern, eine Körperlänge von 1,25 Metern und ein Lebendgewicht von schätzungsweise maximal 80 Kilogramm. Ausgestreckt brachte es *Argentavis* von der Schnabelspitze bis zur Fußspitze auf 3,30 Meter Länge. Flugfedern dieses Giganten der Lüfte waren ungefähr 1,50 Meter lang und 20 Zentimeter breit. Im Stehen hatte der riesenhafte Vogel eine Höhe von ungefähr 1,50 Metern.

Von den Vögeln aus der Gegenwart besitzt der fast 1,20 Meter lange Wanderalbatross *(Diomedea exulans)* mit bis zu 3,50 Metern die größte Flügelspannweite. Es folgen der heutige Andenkondor *(Vultur gryphus)* mit mehr als 3 Metern Flügelspannweite und der jetzige Kalifornische Kondor *(Gymogyps californianus)* mit bis zu 3 Metern Flügelspannweite. Die gegenwärtig schwersten flugfähigen Vögel haben ein Gewicht bis zu 19 Kilogramm.

1979 entdeckten die Paläontologen Rosendo Pascual und Eduardo P. Tonni bei Salinas Grandes de Hidalgo in der argentinischen Provinz La Pampa fossile Reste eines riesenhaften Vogels. Die beiden am „La Plata-Museum" in La Plata tätigen Ausgräber bargen an der etwa 160 Kilometer westlich von Buenos Aires entfernten Fundstelle fragmentarisch erhaltene Knochen vom Schädel, von den Flügeln und Beinen.

Im Sommer 1979 nahm der amerikanische Paläornithologe Kenneth E. Campbell junior zusammen mit den Forschern David Frailey aus Kansas und Lidia Lustig aus Argentinien an einer von der „National Geographic Society" gesponserten Expedition im Dschungel des östlichen Peru teil. Dabei barg man zahlreiche Fossilien von

*Heutiger Wanderalbatross (Diomedea exulans)
im Flug*

*Heutiger Andenkondor (Vultur gryphus)
im Flug*

Amerikanischer Paläornithologe Kenneth E. Campbell junior,
Zeichnung von Antje Püpke, Berlin, www.fixebilder.de

Eingang des „La Plata-Museums"
in La Plata (Argentinien)

Zeichnung auf Seite 13:

Riesiger Greifvogel Argentavis magnificens.
Dieser Gigant der Lüfte erreichte
von der Schnabelspitze bis zur Fußspitze
eine Länge von 3,30 Metern.
Seine Flügelspannweite betrug bis zu 8 Metern
und seine Körperlänge bis zu 1,25 Metern.
Sein Lebendgewicht wird auf maximal 80 Kilogramm geschätzt.
Im Stehen hatte der riesenhafte Vogel
eine Höhe von ungefähr 1,50 Metern.
Zeichnung: wpclipart / http://www.wpclipart.com

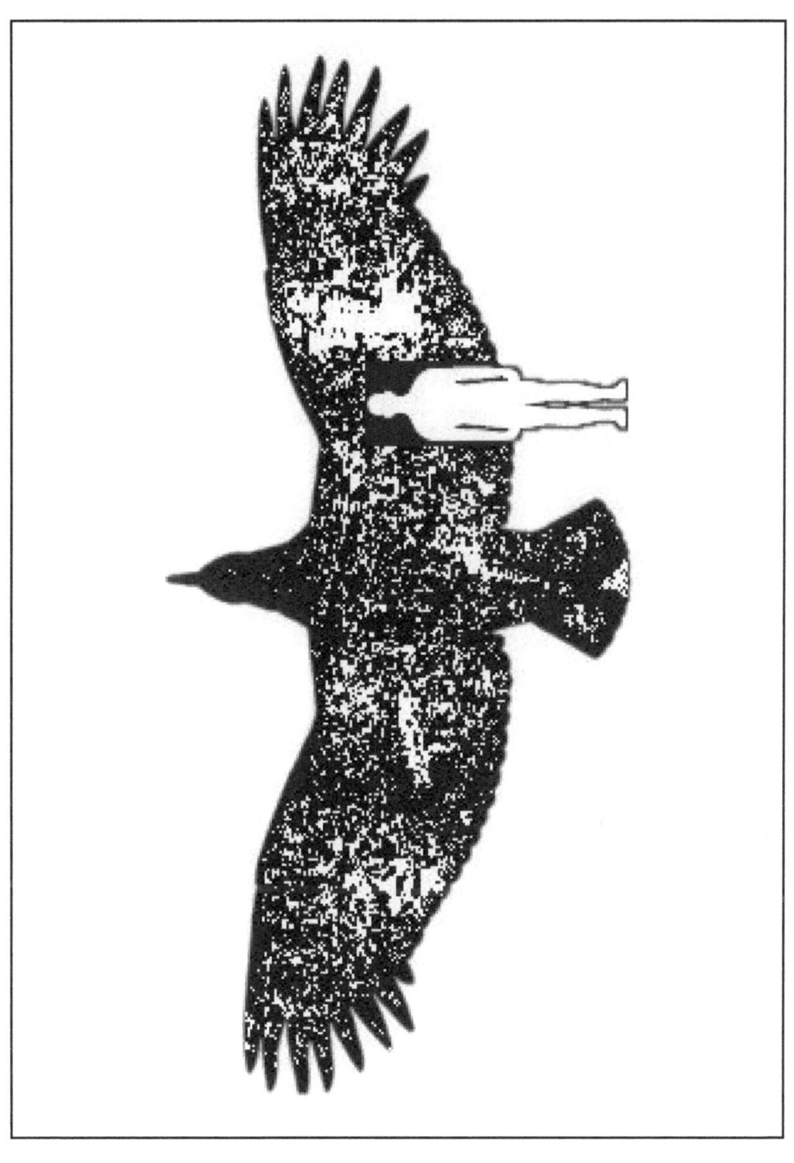

*Männliches merikanisches Truthuhn
(Meleagris gallopavo)*

Wirbeltieren, die man mit Funden, die im argentinischen „La Plata-Museum" aufbewahrt sind, vergleichen wollte. Bei seinem Besuch in diesem Museum zeigte man Campbell die Knochenreste des riesigen Vogels. Außerdem wurde vereinbart, dass diese Fossilien im „Natural History Museum" in Los Angeles (Kalifornien) untersucht und mit Resten großer eiszeitlicher Vögel aus den Teergruben von Rancho La Brea verglichen werden sollten.

Die wissenschaftliche Erstbeschreibung von *Argentavis magnificens* („Großartiger argentinischer Vogel") erfolgte 1980 durch Kenneth E. Campbell junior und Eduardo P. Tonni in dem Buch „Papers in Avian Paleontology Honoring Hildegard Howard". Der Gattungsname *Argentavis* beruht auf dem Fundland Argentinien, der treffende Artname *magnificens* bedeutet großartig.

Von der Schnabelspitze bis zum Hals war der Kopf von *Argentavis* etwa 45 Zentimeter lang. Sein gekrümmter Schnabel ähnelte demjenigen von heutigen Greifvögeln. Mit rund 28 Zentimetern Länge war der Schnabel ungefähr vier Mal so groß wie bei den größten gegenwärtigen Greifvögeln. Der fragmentarisch erhaltene erste Flügelknochen erreichte mit 55 Zentimetern fast die Länge eines kompletten menschlichen Arms. Mit ihm verbunden war ein nahezu 90 Zentimeter langer weiterer Flügelknochen. Zum Vergleich: Der erste Flügelknochen eines einen Meter hohen und 25 Kilogramm schweren männlichen amerikanischen Truthuhns *(Meleagris gallopavo)* ist bis zu 15 Zentimeter lang. Die Beine von *Argentavis* waren kräftig und die Füße groß.

Im „Natural History Museum" in Los Angeles fertigte man eine eindrucksvolle Silhouette von *Argentavis magnificens* an. Ein Foto davon – mit Kenneth E. Campbell junior rechts daneben stehend – veranschaulicht die unglaublichen Dimensionen des gigantischen Greifvogels. Diese Aufnahme erschien in Zeitungen und Zeitschriften, erregte weltweit Aufsehen und ist heute im Internet zu bewundern.

Auf rund 8 Quadratmeter wird die gesamte Flügelfläche von *Argentavis* geschätzt. Nach einer Faustregel ist eine Flächenbelastung der Flügel

Großtrappe (Otis tarda) aus einem Aufzuchtprogramm im Bezirk Magdeburg, 1981

Riesentrappe (Ardeotis kori)
im Etosha National Park (Namibia)

Sarus-Kranich (Grus antigone)
bei Hodal im Faridabad District von Haryana (Indien)

von 25 Kilogramm pro Quadratmeter die Obergrenze für den Vogelflug. Die schwersten heutigen Vögel erreichen eine Flächenbelastung der Flügel von 21 Kilogramm je Quadratmeter. Zu den schwersten und schlechtesten Flugvögeln der Gegenwart gehören die bis zu 16 Kilogramm schwere Großtrappe *(Otis tarda)*, die bis zu 19 Kilogramm schwere Riesentrappe *(Ardeotis kori)* und der bis zu 14 Kilogramm schwere Höckerschwan *(Cygnus olor)*. Ähnlich hoch *wie Argentavis* ist der jetzige Sarus-Kranich *(Grus antigone)* aus Südostasien.

Ein Vogel mit einer Flügelspannweite bis zu 8 Metern, die derjenigen eines Leichtflugzeugs entspricht, war nicht mehr zum Ruderflug in der Lage. Größe und Struktur der Flügel deuten darauf hin, *Argentavis* sei wie jetzige Geier ein Segelflieger gewesen. Offenbar hat er nur selten aktiv Flügelschläge eingesetzt. Man vermutet, die Entstehung dieses Riesenvogels sei durch die beständigen und sehr starken Westwinde im südlichen Südamerika ermöglicht worden. Diese hätten das Aufliegen und den Flug mit sehr geringem Energieaufwand ermöglicht.

Wenn er zu einer Luftreise starten wollte, warf sich der riesige *Argentavis magnificens* von einem höher gelegenen Standort in den Gegenwind und nutzte dann thermische Aufwinde aus. Für ein Abheben vom Boden fehlte dem Greifvogel vermutlich die Kraft, weil er an den Flügeln nur wenige Muskeln besaß.

Der indisch-amerikanische Paläontologe und Geologe Sankar Chatterjee an der „Texas Tech University" in Lubbock sowie andere Wissenschaftler haben 2010 durch Hubschrauber-Simulationen und Vergleiche mit der Muskelleistung heutiger Vögel das Rätsel des Flugverhaltens von *Argentavis magnificens* gelöst. Über ihre Erkenntnisse berichteten die Forscher in der wissenschaftlichen Fachzeitschrift „Proceedings of the National Academy of Science".

Aerodynamik-Analysen ergaben, dass *Argentavis magnificens* eine Dauerleistung von 170 Watt für den Flügelschlag zur Verfügung hatte. Für einen Flug in konstanter Höhe benötigte er aber rund 600 Watt und somit mehr als das Dreifache. Der riesenhafte Greifvogel konnte die Kraft seines Flügelschlages nur kurzzeitig nutzen, um Höhe zu gewinnen oder um zumindest seine Flughöhe zu halten. Dann musste er thermische Ströme oder andere Aufwinde finden, um in der Luft bleiben zu können.

Wenn *Argentavis* erst einmal im Aufwind war, konnte er ohne einen Flügelschlag leicht bis zu zwei Meilen (etwa 3,2 Kilometer) hochsteigen und im freien Flug kreisen. Oben angekommen konnte *Argentavis* zur nächsten thermischen Schicht gleiten. Im Gleitflug war er fähig, bis zu 300 Kilometer zurückzulegen und erstaunlich hohe Geschwindigkeiten von mehr als 100 Stundenkilometern zu erreichen, berechneten die Forscher. Um abheben zu können, war der Riesenvogel auf Abhänge und günstige Winde angewiesen. Wie der jetzige Andenkondor nutzte *Argentavis* thermische Strömungen über den Anden und ihren Ausläufern, um aus der Luft nach Beutetieren zu spähen. Ein milder Fallwind und ein leichter Gegenwind mit einer Geschwindigkeit von fünf Metern pro Sekunde hätten *Argentavis* bereits gereicht.

Argentavis magnificens war vermutlich ein Aasfresser, der sich an Kadavern von pflanzenfressenden Säugetieren aus den Steppen und Savannen in Südamerika gütlich tat. Mit seinem Hakenschnabel konnte er Fleischstücke aus der zähen Körperdecke toter Tiere reißen. Angesichts seiner Startschwierigkeiten ist es kaum vorstellbar, dass sich dieser große und schwere Greifvogel zum Fressen auf dem Boden niederließ und nach dem Mahl wieder mit eigener Kraft in die Luft erhob.

1983 hatten die Paläornithoologen Kenneth E. Campbell junior und Eduardo P. Tonni die Theorie vertreten, *Argentavis* habe eher lebende Beute in Hasengröße gejagt und erlegt und sich nicht vor allem von Aas ernährt. Dies wurde jedoch 1966 von dem amerikanischen Ornithologen Alan Feduccia bestritten. Greifvögel, die sich von flinken kleineren Säugetieren ernähren, könnten sich nicht zu Riesenformen entwickeln, erklärte Feduccia. Denn eine solche Größe sei mit der für die Jagd auf solche Beutetiere notwendigen Agilität unvereinbar. Dies gelte besonders für den gigantischen *Argentavis magnificens*, der höchstwahrscheinlich nur dank starker Westwinde vom Boden abheben konnte. Zudem wäre der riesige Schnabel für den Verzehr von kleinen

Säugetieren unnötig groß. Dieser stelle aber eine gute Anpassung an die Nutzung großer Aasmengen in kurzer Zeit dar.

Nach Berechnungen der Paläontologen Paul Palmqvist in Malaga (Spanien) und Sergio F. Vizcaíno in La Plata (Argentinien) dürfte das Jagdrevier von *Argentavis magnificens* mehr als 540 Quadratkilometer groß gewesen sein. Die Bevölkerungsdichte dieser riesigen Greifvögel soll niedrig gewesen sein. Ein erwachsener Greifvogel dieser Art habe bei der Suche nach Beutetieren bis zu 2.168 Kilometer zurückliegen müssen. Bei einer Geschwindigkeit um 68 Stundenkilometer hätte er hierfür drei Tage lang jeweils 12 Stunden fliegen müssen. Nach dieser Schätzung hätte sich *Argentavis* eher wie ein Geier als ein Adler verhalten. Ein erwachsener *Argentavis* hätte täglich schätzungsweise 5 bis 10 Kilogramm Fleisch benötigt.

Vergleiche mit heute lebenden ähnlichen Vögeln legen nahe, dass *Argentavis* alle zwei Jahre ein Ei oder zwei Eier gelegt hat, aus denen nach dem Ausbrüten ein oder zwei Jungtiere schlüpften. Jedes dieser Eier wog schätzungsweise ein Kilogramm und war kleiner als ein jetziges Straußen-Ei. Nach etwa 16 Monaten soll der Nachwuchs unabhängig von seinen Vogeleltern gewesen sein, die bis dahin alle paar Tage tierische Nahrung herbeischaffen mussten. Erwachsen wurden diese Greifvögel vielleicht erst nach einem Dutzend Jahren. Weil er wohl keine Feinde hatte, dürfte *Argentavis* ein hohes Alter erreicht haben. Die Sterblichkeitsrate soll weniger als 2 Prozent betragen haben. Zum Tod führten Krankheiten, Unfälle oder ein hohes Alter. Möglicherweise wurden diese imposanten Greifvögel bis zu 100 Jahre alt.

Fossilien von *Argentavis magnificens* liegen bisher von drei Fundorten in Argentinien vor. Zwei Funde stammen aus der Andalhuala-Formation in Ausläufern der Anden nahe Catamarca in Valle de Santa Maria (Provinz Catamarca), ein Fund aus der Epecuén Formation von Carhué (Provinz Buenos Aires) und ein Fund aus Salinas Grandes de Hidalgo (Provinz La Pampa).

Das Aussterben von *Argentavis magnificens* dürfte von Änderungen des Klimas und des Nahrungsangebotes bewirkt worden sein. Solche

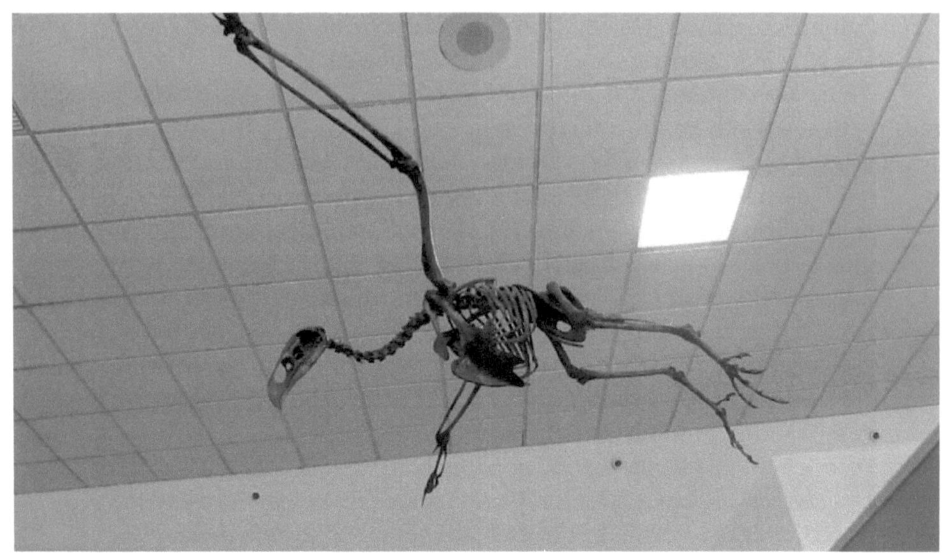

*Skelett von Teratornis merriami im „La Brea Tar Pits Museum"
und Schädel von Teratornis merriami,
fotografiert bei „Expominer 2008" in Barcelona*

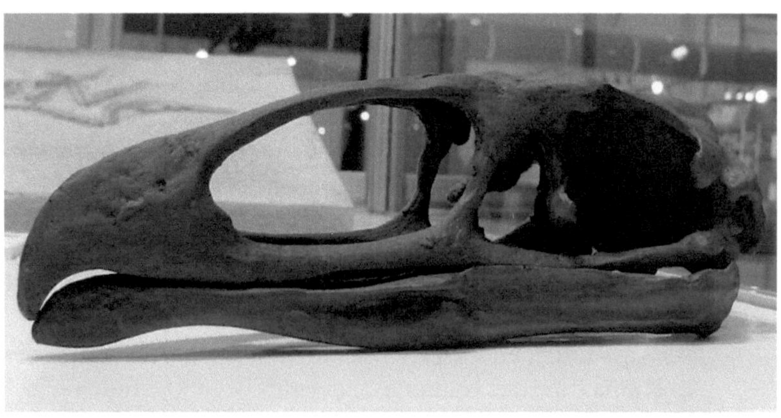

Änderungen wirkten sich vermutlich für den riesigen Vogel besonders gravierend aus.

Argentavis wird zur Familie Teratornithidae gerechnet, die 1909 von dem amerikanischen Paläornithologen Loye Holmes Miller erstmals beschrieben wurde. Bei den Teratornithidae handelt es sich um riesige geierähnliche Vögel, die vom Oberoligozän vor etwa 25 Millionen Jahren bis zum Eiszeitalter vor rund 126.000 Jahren in den USA (Arizona, Nevada, Kalifornien, Florida) und in Südamerika (Ecuador, Argentinien, Brasilien) auftraten.

Teratornis

Eine der bekanntesten Gattungen aus der Familie Teratornithidae ist *Teratornis* aus dem Eiszeitalter vor etwa 1,8 Millionen bis 126.000 Jahren. *Teratornis* (teratos = Wunder, ornis = Vogel, also „Wundervogel") wurde 1909 durch den amerikanischen Paläornithologen Loye Holmes Miller (1874–1970) erstmals wissenschaftlich beschrieben. Miller war Professor für Biologie an der „University of California" in Berkeley. Er studierte Vögel aus dem Eiszeitalter in Kalifornien (Höhlen und Teergruben von Rancho La Brea in Los Angeles) sowie aus dem Eozän in Oregon (Green-River-Formation, Fossil Lake).

Fossile Reste von *Teratornis* liegen aus Arizona, Nevada, Kalifornien und Mexiko vor. Früher hieß es, es gäbe zwei zur Gattung *Teratornis* gehörende Arten. Davon wurde *Terratornis incredibilis* als die größere Art und *Teratornis merriami* als die kleinere betrachtet. Doch 1999 ordneten Kenneth E. Campbell junior, E. Scott und K. B. Springer die Art *Teratornis incredibilis* einer anderen Gattung namens *Aiolornis* zu.

Die Art *Teratornis merriami* ist nach dem amerikanischen Paläontologen John Campbell Merriam (1869–1945) benannt, der ein Kenner der fossilen Wirbeltiere von der Fundstelle Rancho La Brea im Stadtgebiet von Los Angeles war. Jener Vogel erreichte eine Flügelspannweite bis zu 3,80 Metern und ein Lebendgewicht von

Greifvogel Teratornis merriami,
Lebensbild von Nobu Tamura, http://spinops.blogspot.com

schätzungsweise 15 Kilogramm. Wenn er stand, hatte er eine Höhe von ungefähr 75 Zentimetern. Diese Art war gegen Ende des Eiszeitalters in Nordamerika weit verbreitet. Fossilien von ihr fand man in Kalifornien, Arizona, Nevada und Florida.

Die meisten fossilen Reste von *Teratornis merriami* wurden in den Teergruben von Rancho La Brea im Stadtgebiet von Los Angeles in Kalifornien entdeckt. Dort fand man Fossilien von mindestens 100 Vögeln dieser Art. In Rancho La Brea wurde ein vollständiges Ökosystem aus dem Eiszeitalter vor etwa 40.000 bis 11.700 Jahren konserviert. Bis heute hat man mehr als 100 Tonnen Fossilien, 1,5 Millionen Knochen und 2,5 Millionen Überreste aus den dortigen Teergruben geborgen, die für viele Tiere zur tückischen Falle geworden waren. In diesen Gruben hatte sich einst Erdöl gesammelt, das nach dem Verdampfen der flüchtigen Bestandteile zu einer zähen, teerigen Masse wurde.

Zum Fundgut von Rancho La Brea gehören über 60 Arten von Säugetieren. Darunter sind bis zu ca. vier Meter hohe „Amerikanische Mammute" *(Mammuthus columbi),* bis zu etwa 1,90 Meter große Riesenfaultiere *(Paramylodon harlani),* Dolchzahnkatzen *(Smilodon fatalis),* riesenhafte Amerikanische Höhlenlöwen *(Panthera leo atrox)* mit einer Gesamtlänge bis zu 3,60 Metern, Puma, Jaguar, Rotluchs und wolfähnliche Wildhunde *(Canis dirus).* Vor mehr als einem dreiviertel Jahrhundert hatten die Teergruben noch auf einer Viehweide am Stadtrand von Los Angeles gelegen, die zu einer Farm namens Rancho La Brea gehörte. Heute befinden sich die Teergruben mitten im Häusermeer von Los Angeles und sind Teil einer Grünanlage namens Hancock Park. Im George C. Page Museum kann man Fossilien von Rancho La Brea bewundern.

Eine weitere Art der Gattung *Teratornis* ist *Teratornis woodburnensis* mit einer Flügelspannweite von mehr als vier Metern. Ein Teilskelett von einem Vogel dieser Art wurde am 29. September 1999 von Alison T. Stenger und Charles Hibbs (beide „Institute for Archaeological Studies" in Portland) und William T. Orr (Direktor des „Condon

Amerikanisches Mammut (Mammuthus columbi),
Lebensbild des Berliner Tiermalers Heinrich Harder (1858–1935)

*Skulptur der Dolchzahnkatze Smilodon vor dem Eingang
des „La Plata-Museums" in La Plata (Argentinien)*

*Amerikanische Paläornithologin Hildegarde Howard (1901–1998),
Zeichnung von Antje Püpke, Berlin, www.fixebilder.de*

Museum of Geology", University of Oregon) im Legion Park im Williamette Valley in Woodburn (Oregon) geborgen. Die wissenschaftliche Erstbeschreibung erfolgte 2002 durch Kenneth E. Campbell junior und Alison T. Stenger. Das Teilskelett von Woodburn stammt aus dem Ende des Eiszeitalters vor etwa 12.000 bis 11.000 Jahren *Teratornis* hatte riesige Flügel, einen großen Schnabel und kaum gekrümmte Krallen. Man nimmt an, er habe wie andere Vögel aus der Familie Teratornithidae die Thermik über offenen Landschaften bei der Nahrungssuche genutzt. Vermutlich ernährte er sich vom Aas verendeter großer eiszeitlicher Säugetiere.

Aiolornis, Cathartornis, Taubatornis

Nur auf wenige fossile Knochen stützt sich das Wissen über die ebenfalls zur Familie der Teratornithidae gehörenden Gattungen *Aiolornis* und *Cathartornis*. Der mit einem besonders großen Schnabel ausgestattete *Aiolornis incredibilis* brachte es auf eine Flügelspannweite von etwa fünf Metern und ein Lebendgewicht von schätzungsweise maximal 23 Kilogramm. Diese Art wurde 1952 durch die amerikanische Paläornithologin Hildegarde Howard (1901–1998) erstmals wissenschaftlich beschrieben und war in Nordamerika heimisch. Wie erwähnt, hatte sie früher *Teratornis incredibilis* geheißen
Cathartornis gracilis ist durch Funde aus den Teergruben von Rancho La Brea in Los Angeles (Kalifornien) nachgewiesen. Die erste wissenschaftliche Beschreibung von *Cathartornis gracilis* erfolgte 1910 durch Loye Holmes Miller. Dass die Teratornithidae bereits im Oberoligozän vor etwa 25 Millionen Jahren existierten, beweist die Entdeckung von *Taubatornis campbelli* von Sao Paulo in Brasilien. Diese Art wurde 2002 durch den amerikanischen Paläornithologen Stors L. Olson und den brasilianischen Paläornithologen Herculano Marcos Ferraz de Alvarengo beschrieben. *Taubatornis* war kleiner als andere Gattungen der Teratornithidae und wies viele Übereinstimmungen mit Neuweltgeiern auf.

Riesige Kurzschwanz-Flugsaurier der Art Quetzalcoatlus northropi,
Lebensbild aus einer Publikation
von Mark P. Witton und Darren Nash

Flugsaurier mit Rekord-Flügelspannweiten
Eine noch viel größere Flügelspannweite als der Greifvogel *Argentavis magnificens* aus dem Obermiozän erreichten zwei Kurzschwanz-Flugsaurier (Pterodactyla) aus der Oberkreidezeit vor 72 bis 66 Millionen Jahren. Einer davon heißt *Quetzalcoatlus northropi*, lebte in Nordamerika und hatte eine geschätzte Flügelspannweite von 11 bis 13 Metern. Der andere Flugsaurier namens *Hatzegopteryx thambema* existierte in Europa und besaß eine geschätzte Flügelspannweite von 12 Metern. Der erste Fossilfund von *Quetzalcoatlus northropi* wurde 1971 von dem amerikanischen Studenten Douglas A. Lawson im texanischen Big-Bend-Nationalpark entdeckt. Dabei handelte es sich um einen Teil des Flügels. Die wissenschaftliche Erstbeschreibung von *Quetzalcoatlus northropi* erfolgte 1975 durch den Entdecker Lawson. Der Gattungsname *Quetzcoatlus* erinnert an die mittelamerikanische Gottheit Quetzalcoatl, die meist in Gestalt einer gefiederten Schlange dargestellt und von den Tolteken, Azteken und Maya verehrt wurde. Der Artname *northropi* erinnert an den Konstrukteur von Nurflügelflugzeugen, John Knudsen Northrop (1895–1981).
Quetzalcoatlus northropi gilt als einer der größten Flugsaurier (Pterosauria) und als eines der größten Flugtiere der Erdgeschichte. Wegen seiner hohlen Knochen erreichte er ein für seine enorme Größe relativ geringes Gericht von schätzungsweise nur 100 bis 200 Kilogramm. Im Vergleich mit der Flügelspannweite war sein Rumpf sehr klein. *Quetzalcoatlus northropi* dürfte kein ausdauerndes aktives Flugtier gewesen sein. Man nimmt an, dass er weite Strecken im Segelflug zurücklegte. Dabei nutzten diese Flugsaurier ähnlich wie heutige Altweltgeier thermische Luftströmungen aus. Auf diese Weise konnten sie mit minimalem Energieaufwand stundenlang in der Luft bleiben. Es heißt, *Quetzacoatlus northropi* habe vermutlich durch eigene Kraft vom Boden aus starten können. Dabei müssten allerdings günstige Windverhältnisse geherrscht haben.
Unklar ist, ob sich Zähne im langen und spitzen Schnabel von *Quetzalcoatlus northropi* befanden. Diskutiert wird darüber, ob sich

Bild auf Seite 33:

Modell des riesigen Kurzschwanz-Flugsauriers
der Art Quetzalcoatlus northropi
in Lebensgröße,
geschaffen von René Kastner,
Staatliches Museum für Naturkunde Karlsruhe

Bild auf Seite 35:

Größenvergleich des riesigen Kurzschwanz-Flugsauriers
Arambourgiania philadelphiae mit einer Flügelspannweite
zwischen 7 und 13 Metern.
Ein mehr als 60 Zentimeter langer, in drei Teile zerbrochener,
röhrenförmiger Knochen dieses Flugsauriers wurde in den 1940-er
Jahren von einem Bahnarbeiter bei Russeifa in Jordanien
an der Bahnlinie von Amman nach Damaskus entdeckt.
1953 untersuchte der französische Paläontologe
Camille Arambourg (1885–1969 in Paris diesen Fund,
identifizierte ihn 1954 als Mittelhandknochen eines Flügels
und beschrieb ihn 1959 als Titanopteryx philadelphiae.
1975 kam der amerikanische Paläontologe Douglas A. Lawson,
der in jenem Jahr Quetzalcoatlus northropi aus Texas beschrieb,
zu dem Schluss, bei dem Fund aus Jordanien handle es sich
nicht um einen Mittelhandknochen, sondern um einen Halswirbel.
In den 1980-er Jahren erfuhr der russische Paläontologe Lev Nesov,
der Name Titanopteryx („gigantischer Flügel") sei bereits 1954
von dem deutschen Entomologen Günther Enderlein (1872–1968)
für eine Fliege vergeben worden.
1987 beschrieb Nesov den Fund aus den 1940-er Jahren
als Arambourgiania, womit er Camille Arambourg ehrte.
Der Artname philadelphiae beruht auf einer alten Bezeichnung
für Jordanien. Die Forscher Eberhard Frey und David Matrill
schätzten die Flügelspannweite von Arambourgiania
auf 12 bis 13 Meter und widersprachen der Vermutung, jener
Flugsaurier sei mit Quetzalcoatlus identisch..
Abbildung aus einer Publikation von Mark P. Witton
und Darren Nash

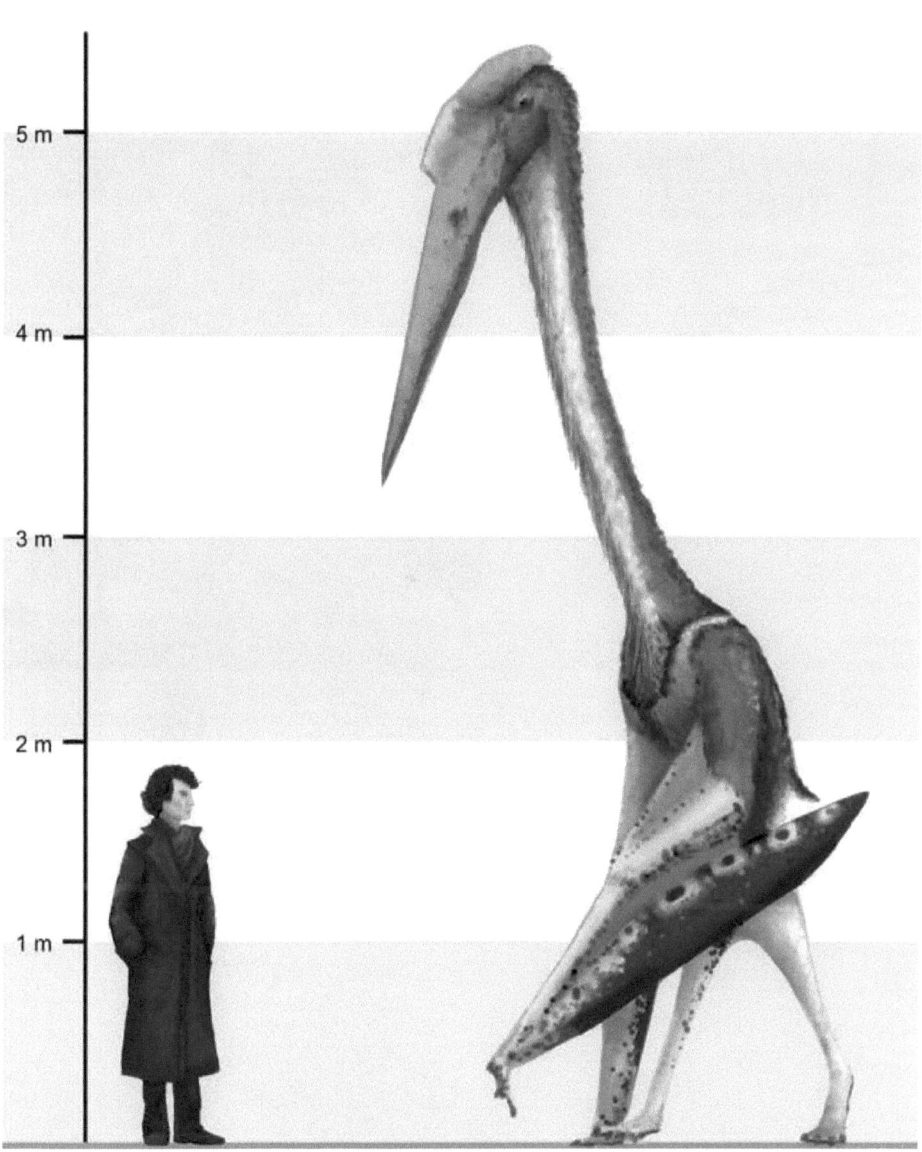

*Lebendrekonstruktion des riesigen Kurzschwanz-Flugsauriers
Hatzegopteryx thambema
im Senckenberg-Museum in Frankfurt am Main*

dieser Flugsaurier am Boden zweibeinig (biped) oder vierbeinig (quadruped) fortbewegte. Letztere Theorie wird neuerdings für wahrscheinlicher gehalten. Auch über die Lebensweise von *Quetzalcoatlus northropi* herrschen unterschiedliche Auffassungen. Wegen seiner langen Halswirbelsäule und seiner langen schnabel-ähnlichen Schnauze könnte dieser Flugsaurier wie ein Reiher im flachen Wasser watend Fische gejagt haben. Möglich erscheint aber auch, dass er sich ähnlich wie ein Marabu von Aas ernährt hat.

Fossilfunde von *Quetzalcoatlus northropi* liegen inzwischen aus Mittel- und Nordamerika vor. Zu Lebzeiten dieses riesigen Flugsauriers breitete sich über große Teile von Nordamerika ein flaches Meer namens Western Interior Seaway aus. Das Klima in Texas in der Oberkreidezeit glich demjenigen gegenwärtiger tropischer Meeresküsten. Lebensraum von *Quetzalcoatlus northropi* war das Ufer des Flachmeeres. Fossile Knochen verwandter Flugsaurier-Arten sind auch im „Dinosaur Provincial Park" in der kanadischen Provinz Alberta entdeckt wor-den.

Mit einem Irrtum begann die Entdeckungsgeschichte des riesigen Kurz-schwanz-Flugsauriers *Hatzegopteryx thambema*. Die 1978 von dem Paläontologen Dan Grigorescu im Nordwesten von Rumänien gefunde-nen Fossilien dieses unbekannten Tieres wurden anfangs als Reste eines zweibeinigen und fleischfressenden Dinosauriers fehlgedeutet. Erst Ende der 1990-er Jahre erkannte man am leichten Knochenbau, dass es sich um einen Flugsaurier handelte. Die wissenschaftliche Erstbes-chreibung erfolgte 2002 durch die Paläontologen Éric Buffetaut aus Frankreich sowie Dan Grigorescu und Zoltan Ciski aus Rumänien. Sie setzten den Gattungsnamen *Hatzegopteryx* aus dem Namen des Fundortes Hateg und aus dem griechischen Wort pteryx für Flügel zusammen. Der Artname *thambema* kommt aus dem Griechischen und erinnert an die monströse Größe dieses Flugsauriers.

Bei den fossilen Resten von *Hatzegopteryx thambema* handelte es sich um Fragmente des Schädels und des körpernahen Teils des Ober-armknochens (Humerus). Der Schädel erreichte vermutlich eine Länge

Kurzschwanz-Flugsaurier Pteranodon,
Lebensbild des Berliner Tiermalers Heinrich Harder (1858–1935)

von rund 3 Metern. Mit diesem Rekordmaß wäre es der größte bekannte Schädel eines nicht im Meer lebenden Wirbeltieres. Anhand der geschätzten Länge von etwa 55 Zentimetern und dem Durchmesser von 9 Zentimetern des erhaltenen Teils des Oberarmknochens schätzte man eine Flügelspannweite von etwa 12 Metern. Trotz seiner imposanten Größe soll *Hatzegopteryx thambema* nur ein Lebendgewicht von nicht mehr als 100 Kilogramm gehabt haben.

Bis zur Entdeckung von *Quezalcoatlus northropi* und *Hatzegopterx thambema* galt der Kurzschwanz-Flugsaurier *Pteranodon sternbergi* aus Nordamerika mit einer Flügelspannweite bis zu 9 Metern als der Rekordhalter unter den Flugsauriern. Die Gattung *Pteranodon* („Zahnloser Flügel") wurde 1876 von dem amerikanischen Paläontologen Othniel Charles Marsh (1831–1899) erstmals wissenschaftlich beschrieben. Sie existierte in der Oberkreidezeit vor 86,3 bis 72 Millionen Jahren. Von *Pteranodon* kennt man aus Kansas, Alabama, Nebraska, Wyoming und South Dakota mehr als 1.000 fossile Funde. Rätselhaft ist die Funktion des langen Hinterhauptskamms, der bei vielen Exemplaren von *Pteranodon* erkannt wurde. Dieser Kamm könnte ein Gegengewicht zum Schnabel und wichtig für die Flugstabilität beim Fischfang gewesen sein. Vielleicht diente der Hinterhauptskamm aber auch als Ansatz für kräftige Kiefermuskelm oder für die Kommunikation mit Artgenossen. Der amerikanische Wissenschaftler S. Christopher Bennett vermutet, bei dem langen Kamm handle es sich um ein Geschlechtsmerkmal. Nur Männchen hätten größere Hinterhauptskämme getragen. Von *Pteranodon* nimmt man an, dass er Seewinde zum Gleitflug nutzte. Fischgräten im Magenhalt eines *Pteranodon* verrieten, wovon sich dieser Flugsaurier ernährte.

Literatur

BUFFETAUT, Éric / GRIGORESCU, Dan / CSIKI, Zoltan: A new giant pterosaur with a robust skull from the latest Cretaceous of Romania. Naturwissenschaften 89: S. 180–184, Heidelberg 2002

CAMPBELL, Kenneth E. Junior / SCOTT, E./ SPRINGER, K. B.: A new genus for the Incredible Teratorn (Aves: Teratornithidae). Smithsonian Contributions to Paleobiology 89: S. 169–175, Washington 1999

CAMPBELL, Kenneth E. junior / TONNI, Eduardo P.: A new genus of teratorn from the Huayquerian of Argentina (Aves: Teratornithidae). Contributions in Science, Natural History Museum of Los Angeles County 330: S. 59–68, Los Angeles 1980

CAMPBELL, Kenneth E. junior / TONNI, Eduardo P.: Size and locomotion in teratorns (Aves: Teratornithidae). In: The Auk. Washington DC 1983

COX, Barry / DIXON, Dougal / GARDINER, Brian / SAVAGE, R. J. G.: *Argentavis magnificens*. In: Dinosaurier und andere Tiere der Vorzeit, S. 180, München 1989

FEDUCCIA, Alan: The origin and evolution of birds. New Haven/ London 1996

LAWSON, Douglas A.: Pterosaur from the Latest Cretaceous of West Texas: Discovery of the Largest Flying Creature. Science, 187: S. 947–948, Washington 1975

MILLER, Loye Holmes: *Teratornis,* a new avian genus from Rancho La Brea. University of California Publications, Bulletin of the Department of Geology 5: S. 305–317, Berkeley 1909

PROBST, Ernst: Rekorde der Urzeit, München 1992

PALMQVIST, Paul / VIZCAÍNO, Sergio F.: Ecological and reproductive constraints of body size in the gigantic *Argentavis magnificens* (Aves, Theratornithida) from the Miocene of Argentina. Ameghiniana (Rev. Asoc. Palaeontol. Argent.), 40(3): S. 379–385, Buenos Aires, 30. September 2003

OLSON, Stors L. / ALVARENGA, Herculano Marcos Ferraz de: A new genus of small teratorn from the Middle Tertiary of the Taubaté Basin, Brazil (Aves: Teratornithidae). Proceedings of the Biological Society of Washington 115(4): S. 701–705, Washington 2002
TONNI, Eduardo P.: The present state of knowledge of the Cenozoic birds of Argentina. In: Papers in avian paleontology honoring Hildegard Howard, K. Cambell (editor), Contributions in Science. Natural History Museum of Los Angeles Country, 330: S. 105–114, Los Angeles 1980
WELLNHOFER, Peter: Flugsaurier, Wittenberg 1980
WIKIPEDIA (Online-Lexikon) *Argentavis magnificens*
http://de.wikipedia.org/wiki/Argentavis_magnificens
WIKIPEDIA (Online-Lexikon) *Hatzegopteryx*
http://de.wikipedia.org/wiki/Hatzegopteryx
WIKIPEDIA (Online-Lexikon) *Quetzalcoatlus*
http://de.wikipedia.org/wiki/Quetzalcoatlus

Bildquellen

Teile des Vogelskeletts

1 Schädel (Cranium)
2 Halswirbel
3 Gabelbein (Furcula)
4 Rabenbein (Coracoid)
5 Rippe
6 Brustbeinkamm (Carina sterni)
7 Kniescheibe (Patella)
8 Tarsometatarsus
9 erste Zehe
10 Tibiotarsus
11 Wadenbein (Fibula)
12 Oberschenkelknochen
13 Schambein
14 Sitzbein
15 Darmbein
16 Schwanzwirbel
17 Pygostyl
18 Synsacrum
19 Schulterblatt
20 Notarium
21 Oberarmknochen (Humerus)
22 Elle (Ulna)
23 Speiche
24 Carpometacarpus
25 Digitus minor
26 Digitus major
27 Daumen oder Alula (Digitus alulae)

Quelle: Wikipedia

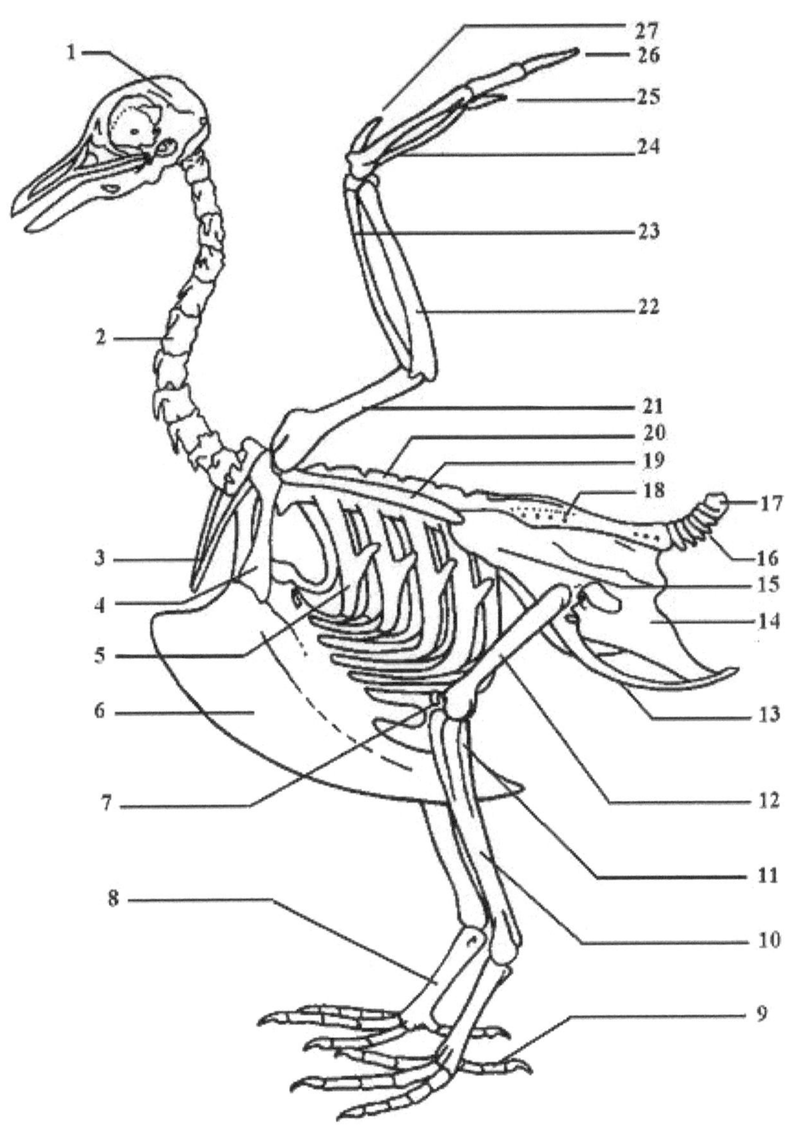

Autor Ernst Probst

Der Autor

Ernst Probst, geboren am 20. Januar 1946 in Neunburg vorm Wald im bayerischen Regierungsbezirk Oberpfalz, ist Journalist und Wissenschaftsautor. Er arbeitete von 1968 bis 1971 als Redakteur bei den „Nürnberger Nachrichten", von 1971 bis 1973 in der Zentralredaktion des „Ring Nordbayerischer Tageszeitungen" in Bayreuth und von 1973 bis 2001 bei der „Allgemeinen Zeitung", Mainz. In seiner Freizeit schrieb er Artikel für die „Frankfurter Allgemeine Zeitung", „Süddeutsche Zeitung", „Die Welt", „Frankfurter Rundschau", „Neue Zürcher Zeitung", „Tages-Anzeiger", Zürich, „Salzburger Nachrichten", „Die Zeit", „Rheinischer Merkur", „Deutsches Allgemeines Sonntagsblatt", „bild der wissenschaft", „kosmos", „Deutsche Presse-Agentur" (dpa), „Associated Press" (AP) und den „Deutschen Forschungsdienst" (df). Aus seiner Feder stammen die Bücher „Deutschland in der Urzeit" (1986), „Deutschland in der Steinzeit" (1991), „Rekorde der Urzeit" (1992), „Dinosaurier in Deutschland" (1993 zusammen mit Raymund Windolf) und „Deutschland in der Bronzezeit" (1996). Von 2001 bis 2006 betätigte sich Ernst Probst als Buchverleger sowie zeitweise als internationaler Fossilienhändler und Antiquitätenhändler. Insgesamt veröffentlichte er mehr als 300 Bücher, Taschenbücher, Broschüren und über 300 E-Books.

*Größenvergleich zwischen dem Terrorvogel
Kelenken guillermoi und einem Menschen.
Zeichnung von Piotr Gryz aus Waschau (Polen)*

Bücher von Ernst Probst

Aepyornis. Der Vogel, der die größten Eier legte
Archaeopteryx. Die Urvögel aus Bayern
Argentavis. Der größte fliegende Vogel
Brontornis. Riesenvögel in Argentinien
Dinornis. Der größte Vogel aller Zeiten
Dromornis. Der schwerste Vogel aller Zeiten
Gastornis. Der verkannte Terrorvogel
Harpagornis. Der größte Greifvogel der Neuzeit
Hesperornis. Der große Vogel des Westens
Pelagornis. Der größte Meeresvogel
Phorusrhacos. Der riesige Terrorvogel
Rekorde der Urzeit. Landschaften, Pflanzen und Tiere
Rekorde der Urmenschen. Erfindungen, Kunst
und Religion
Tiere der Urwelt. Leben und Werk
des Berliner Malers Heinrich Harder
Dinosaurier von A bis K. Von Abelisaurus
bis zu Kritosaurus
Dinosaurier von L bis Z. Von Labocania
bis zu Zupaysaurus
Dinosaurier in Deutschland
Dinosaurier in Baden-Württemberg
Dinosaurier in Bayern
Dinosaurier in Niedersachsen
Raub-Dinosaurier von A bis Z
Der Ur-Rhein. Rheinhessen vor zehn Millionen Jahren
Als Mainz noch nicht am Rhein lag
Der Rhein-Elefant. Das Schreckenstier von Eppelsheim
Krallentiere am Ur-Rhein

Bestellungen bei: www.grin.com